AF613658

Die in den Sitzungsberichten Abt. I und Abt. II der math.-nat. Klasse der Österr. Akad. d. Wiss. erscheinenden Abhandlungen werden auch einzeln abgegeben. Sie können durch jede Buchhandlung oder direkt durch die Auslieferungsstelle der Österreichischen Akademie der Wissenschaften (Wien I, Singerstraße 12) bezogen werden.

Nachfolgende Abhandlungen aus dem Fach **Physik** sind erschienen:

1950 (1950) (S II a, Bd. 159):

Blau Marietta: Bericht über die Entdeckung der durch kosmische Strahlung erzeugten „Sterne" in photographischen Emulsionen, 4 Seiten. S 4.—

Danninger R. und Sirk H.: Theorie des in einer magnetisch abgelenkten Glimmentladung auftretenden Druckgefälles, 4 Seiten. S 3.40

Feuchtinger K.: Ableitung des zweiten Hauptsatzes für reversible Prozesse (mit 2 Abbildungen). S 3.40

Glaser W.: Zur wellenmechanischen Theorie der elektronenoptischen Abbildung (mit 2 Abbildungen), 63 Seiten. S 58.—

Haupt H.: Über Phasenkoeffizienten und Albedo der kleinen Planeten Ceres, Pallas, Juno und Vesta, 20 Seiten. S 21.60

Hess V. F: Persönliche Erinnerungen aus dem ersten Jahrzehnt des Instituts für Radiumforschung, 3 Seiten. S 4.—

Hevesy G. v.: Erinnerungen an die alten Tage am Wiener Institut für Radiumforschung, 2 Seiten. S 4.—

Meyer St.: Die Vorgeschichte der Gründung und das erste Jahrzehnt des Institutes für Radiumforschung, 26 Seiten. S 4.—

Paneth F. A.: Aus der Frühzeit des Wiener Radiuminstituts. Die Darstellung des Wismutwasserstoffs, 3 Seiten. S 4.—

Przibram K.: 1920 bis 1938, 7 Seiten. S 4.—

Rieder W.: Der Szilard-Chalmers-Effekt mit langsamen und schnellen Neutronen (mit 5 Abbildungen), MIR Nr. 462, 14 Seiten. S 13.—

Wieninger L. und Adler N.: Über die Verfärbung von nat. Steinsalzkristallen durch Bestrahlung mit α-Teilchen von Ra*F* (mit 7 Abbildungen), MIR Nr. 472, 12 Seiten. S 13.80

Wieninger L.: Über die Bestrahlung natürlicher, gefärbter Steinsalzkristalle mit α-Teilchen von Ra*F* (mit 7 Abbildungen), MIR Nr. 466, 15 Seiten. S 15.—

Wieninger L. und Adler N.: Über den Einfluß der Erwärmung auf das Absorptionsspektrum des mit Ra*F*-x-Strahlen verfärbten Steinsalzes (mit 7 Abbildungen), MIR Nr. 467, 11 Seiten. S 9.60

Wieninger L.: Über die Verfärbung von gepreßten Steinsalzkristallen durch Bestrahlung mit α-Teilchen von Ra*F* (mit 5 Abbildungen), 12 Seiten. S 9.60

1951 (S II a, Bd. 160):

Bernert Traude: Radiumbestimmungen an Tiefseesedimenten (mit 3 Abbildungen), MIR Nr. 483, 12 Seiten. S 6.30

Böhm W.: Kolloide und Farbzentren in additiv verfärbtem Steinsalz (mit 5 Abbildungen), 18 Seiten. S 8.—

Brukl A., Hernegger F. und Hilbert Hermine: Zur Kenntnis neuer in der Natur vorkommender α-Strahler (mit 9 Abbildungen), MIR Nr. 482, 17 Seiten. S 5.50

Mayerl Margarete: Bestimmungen der optischen Konstanten des Calciums und Anwendung der Mieschen Theorie auf die Verfärbung des Flußspates (mit 5 Abbildungen), 7 Seiten. S 3.50

Wieninger L.: Ein Beitrag zur Klärung der Frage nach Wesen und Ursprung der Violett- bzw. Blaufärbung natürlicher Steinsalzkristalle (mit 13 Abbildungen) MIR Nr. 474, 33 Seiten. S 10.50

1952 (S II a, Bd. 161):

Begemann F. und Houtermans F. G.: Herstellung einer Radium-D-E-F-Standard-Lösung, MIR Nr. 492, 4 Seiten. S 3.40

Brandstaetter F.: Bemerkungen über H. Maches Methode zur Bestimmung des Diffusionskoeffizienten von Luft in Wasser (mit 4 Abbildungen), 23 Seiten. S 13.—

Hawliczek F.: Eine stabilisierte Kaskadenhochspannung für den Betrieb von Geiger-Müller-Zählrohren (mit 10 Abbildungen), MIR Nr. 485, 8 Seiten. S 9.—

ISBN 978-3-662-22869-2 ISBN 978-3-662-24803-4 (eBook)
DOI 10.1007/978-3-662-24803-4

Mitteilung des Instituts für Radiumforschung Nr. 531

Untersuchung des Zerfalls von RaC″ (Tl^{210})

Von

Peter Weinzierl

I. Physikalisches Institut der Universität Wien

(Mit 8 Abbildungen)

(Vorgelegt in der Sitzung am 10. Oktober 1957)

Einleitung

Obwohl die Verzweigung im radioaktiven Zerfall von RaC bereits 1909 von Hahn und Meitner [1] festgestellt und 1911 von Fajans [2] bestätigt wurde, kann das Zerfallsschema des RaC″-Kerns bis heute nicht als wirklich geklärt gelten. Der Grund hiefür liegt in seiner kurzen Halbwertszeit und den geringen Präparatstärken, welche infolge des ungünstigen Verzweigungsverhältnisses RaC″/RaC′ zu erzielen sind. Andererseits ist die Untersuchung des RaC″-Zerfalls von besonderem Interesse, weil sie Aufschluß über die Anregungszustände des RaD (Pb^{210})-Kerns gibt, welcher sich nur durch ein zusätzliches Neutronenpaar von dem doppelt-magischen Kern Pb^{208} unterscheidet. Es wäre interessant festzustellen, wie weit sich die theoretischen Ansätze von Pryce [3] auch hier anwenden lassen, nachdem sie sich bei der Interpretation des Anregungsschemas des Pb^{206}-Kerns, dem zwei Neutronen auf den Schalenabschluß bei 126 fehlen, als so nützlich erwiesen haben [4].

Das Verzweigungsverhältnis $\alpha : \beta$ im Zerfall von RaC wird von verschiedenen Autoren [5, 6, 7, 8] zwischen $2{,}5 \times 10^{-4}$ und $4{,}3 \times 10^{-4}$ angegeben. Der Vergleich der Intensität der α-Strahlung von RaC mit der des Folgekerns RaC′ im magnetischen Spektrographen [8] scheint hier die verläßlichsten Resultate zu liefern. Die Halbwertszeit von RaC″ wurde mit 1,32 Minuten gemessen [5].

Die erste mit den modernen Methoden der Szintillationsspektrometrie durchgeführte Untersuchung wurde von Mayer-Kuckuck [9] veröffentlicht. Danach liegt im wesentlichen ein β-Spektrum von 1,96 $\pm$ 0,1 MeV vor, das von einer dreifachen Gammakaskade von 2,36 — 0,297 — 0,783 MeV gefolgt wird. Während frühere Messungen des β-Spektrums von RaC″ [10, 11] dadurch bestätigt wurden, erscheinen die älteren Bestimmungen der Energie der emittierten γ-Strahlung [10, 12] widerlegt. Eine parallele Kaskade, welche an Stelle der 2,36 MeV-Linie zwei Übergänge mit etwa 1,1 und 1,3 MeV enthält, wird von Mayer-Kuckuck vermutet. Das von ihm vorgeschlagene Zerfallsschema liefert eine totale Umwandlungsenergie des RaC″-Kerns von 5,4 MeV, was gut mit der Berechnung aus der Zerfallskette RaC-RaC′-RaD übereinstimmt. Daniel [13] konnte durch eine betaspektrometrische Untersuchung, bei der zur Reduktion des Nulleffektes ein Anthrazendetektor mit zusätzlicher elektronischer Impulsgrößendiskrimination verwendet wurde, zeigen, daß oberhalb der Grenzenergie des als Verunreinigung vorhandenen RaC-Betaspektrums keine nennenswerte Betaintensität vorliegt. Die Möglichkeit eines höherenergetischen Betaübergangs im RaC″, der zu einem Anregungsniveau von 1,07 MeV führen würde, kann nach seiner Messung praktisch ausgeschlossen werden. Die obere Intensitätsgrenze läge bei 5×10^{-3} pro RaC″-Zerfall.

Die vorliegende Untersuchung, welche etwa gleichzeitig mit der von Mayer-Kuckuck begonnen wurde und deren erste Resultate bereits bekanntgegeben worden sind [14], beschäftigt sich in erster Linie mit einer genaueren Analyse des Gammaspektrums von RaC″. Die großen Radiumemanationsmengen der 1,5 g Ra-Quelle des Instituts für Radiumforschung, die Frau Prof. Karlik für diese Untersuchungen in liebenswürdiger Weise zur Verfügung stellte, ließen die Arbeit als aussichtsreich erscheinen. Handelt es sich doch in der praktischen Durchführung zu einem großen Teil darum, RaC″-Quellen so rein als möglich darzustellen, da die Verunreinigung durch RaC mit seinem Reichtum an Gammalinien die Arbeit äußerst schwierig macht. Die bisherigen Messungen haben gezeigt, daß das Gammaspektrum noch wesentlich komplexer ist, als dies aus früheren Untersuchungen hervorgeht. Es wurden Messungen mit dem Szintillationsspektrometer und NaJ-Kristallen verschiedener Größe durchgeführt, β-γ- und γ-γ-Koinzidenzen beobachtet und mit

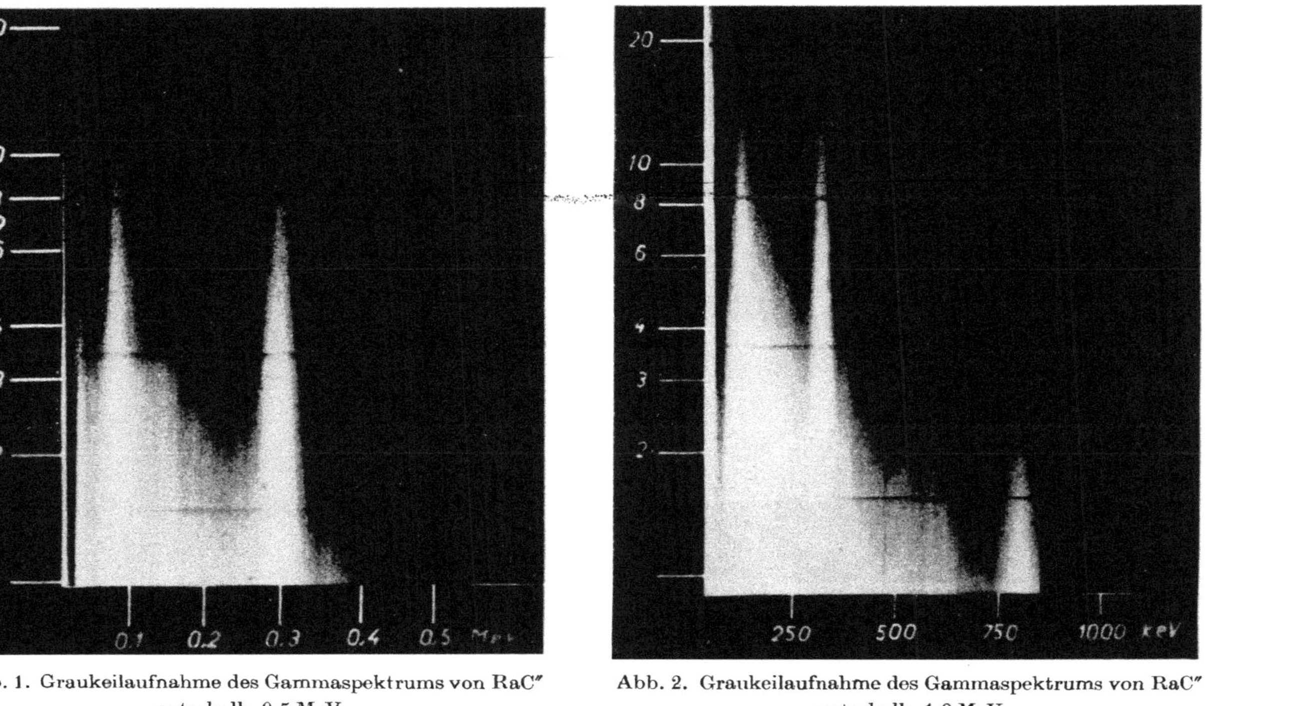

Abb. 1. Graukeilaufnahme des Gammaspektrums von RaC″ unterhalb 0,5 MeV.

Abb. 2. Graukeilaufnahme des Gammaspektrums von RaC″ unterhalb 1,0 MeV.

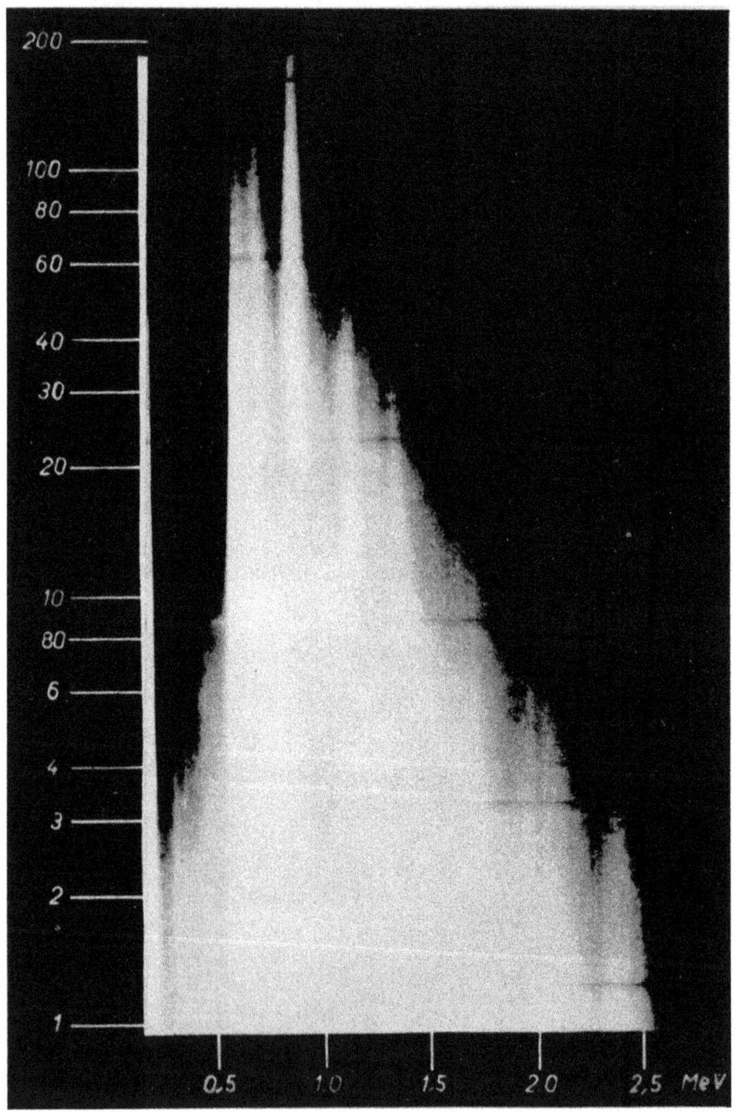

Abb. 3. Graukeilaufnahme des Gammaspektrums von RaC″ oberhalb 0,5 MeV

einer neuen Variante des von Hofstadter [15] erstmals angegebenen Zweikristallspektrometers versucht, eine bessere Analyse des hochenergetischen Teils des Spektrums zu erzielen.

Die Untersuchungen wurden zum gegenwärtigen Zeitpunkt unterbrochen, da sich zeigte, daß die Auflösung des Szintillationsspektrometers für die Analyse dieses γ-Spektrums allein nicht ausreicht. Es wurde daher die Konstruktion eines Betaspektrographen mit photographischer Registrierung in Angriff genommen; außerdem muß die Reinigungsapparatur für die Ra-Emanation vor Herstellung der RaC-Präparate einer Neukonstruktion unterzogen werden. Es scheint daher angebracht, die bisherigen Resultate zusammenzufassen, die möglichen Schlüsse zu ziehen bzw. die Problemstellung für die weitere Arbeit an diesem Zerfallsschema zu gewinnen.

Herstellung der RaC″-Präparate

Es bestehen zwei Möglichkeiten, RaC″-Präparate herzustellen. Die erste beruht auf der Tatsache, daß beim dualen Zerfall von RaC die durch Alphazerfall gebildeten RaC″Kerne einen Rückstoß erfahren, der um mehrere Größenordnungen den der durch Betazerfall gebildeten RaC′-Kerne übertrifft. Von einem auf einer Metalloberfläche gesammelten aktiven Niederschlag, der nach Absterben des RaA aus Ra (B+ C) besteht, werden daher die gebildeten RaC″-Kerne zu einem gewissen Teil von der Oberfläche losgerissen und können auf einer entgegenstehenden Auffängerfolie mittels elektrischer Spannung gesammelt werden. Diese bereits bei der Entdeckung des RaC″ angewandte Darstellungsmethode wurde bei allen bisher veröffentlichten und auch der hier beschriebenen Untersuchung verwendet. Es wäre natürlich auch möglich, eine chemische Abtrennung des Thalliumisotops 210 von den Wismut- und Bleiisotopen in einer Lösung des aktiven Niederschlags durchzuführen. Die kurze Halbwertszeit des RaC″ würde allerdings ein sehr schnelles Arbeiten erforderlich machen.

Bei Anwendung der Rückstoßmethode kommt stets eine gewisse Verunreinigung des RaC″-Präparates dadurch zustande, daß von der das Präparat tragenden Oberfläche ganze Aggregate von Atomen des aktiven Niederschlags nach einem Alphazerfall durch den Rückstoß losgerissen werden. Auf diese Weise gelangt RaB und RaC ebenfalls auf das Präparat. Die Versuche haben gezeigt, daß der relative Anteil an Ra (B+ C) in dem hergestellten Präparat entscheidend von der Oberflächenbeschaffenheit des Ra (B+ C)-Präparates abhängt. Als tragende Oberfläche für den aktiven Niederschlag hat sich ein Scheibchen aus poliertem rostfreien Stahl mit 12 mm Durchmesser gut bewährt. Die Qualität des aktiven Niederschlags selbst wird offenkundig von der Reinheit der Ra-Emanation bestimmt, aus der er abgeschieden wurde. Die seit langem im Institut für Radiumforschung benützte Reinigungsmethode unter Verwendung tiefer Temperaturen, auf deren Möglichkeiten bereits an anderer Stelle ausführlich eingegangen wurde [16], hat sich hiefür sehr bewährt. Die nach etwa einstündiger Exposition in der gereinigten Emanation gewonnenen Präparate des aktiven Niederschlags wurden einige Minuten unter Hochvakuum bei etwa 350° ausgeheizt, um restliche an der Oberfläche adsorbierte Emanation zu entfernen. Außerdem wurde das Präparat nach Beendigung der Exposition eine Stunde lang abfallen gelassen, wodurch sich die Aktivität des α-strahlenden RaA um einen Faktor von ca. 10^6 reduziert. Gegenüber dem ausgeheizten Präparatscheibchen wurde dann in einigen Millimetern Entfernung eine dünne Zinnfolie angebracht und ein bis zwei Minuten unter Anlegung einer negativen Spannung gegenüber dem Scheibchen mit aktivem Niederschlag exponiert. Es zeigte sich dabei, daß der erzielbare Reinheitsgrad der RaC″-Präparate praktisch durch die Qualität des gewonnenen Ra (B+ C)-Präparates bestimmt ist. Die Entfernungen zwischen Präparat und Folie lagen zwischen 2 und 10 mm, die Spannungen zwischen 200 und 1400 V. Präparate, welche mit möglichst knappem Abstand von Präparat und Folie hergestellt wurden, waren oft wesentlich unreiner als die mit größerem Abstand gewonnenen, doch wurde dieser Effekt nicht systematisch weiterverfolgt. Der Verlust an Präparatstärke bei Erhöhung des Abstandes kann durch gleichzeitige Vergrößerung der negativen Spannung weitgehend ausgeglichen werden. Die besten Resultate wurden bei etwa 5 mm Abstand und 1000 bis 1400 Volt Spannung erzielt. Nach Transferierung der Quelle auf die in größerer Entfernung aufgestellte Meßapparatur und Aufkleben der aktivierten Folie auf einen geeigneten Präparatträger, also einen Zeitverlust von etwa 30 Sekunden, betrug der relative Anteil an verunreinigendem RaC im Durchschnitt 10%. Es konnten jedoch auch Präparatserien gewonnen werden, bei denen die Verunreinigung nur 5% betrug. Als Präparatträger dienten dünne Al-Bleche, in denen eine 5 cm große Ausnehmung einseitig mit einem Plastikklebestreifen überspannt war. Die mit RaC″ aktivierten Zinnfolien wurden dann in der Mitte dieses Trägers aufgeklebt.

Messungen des γ-Szintillationsspektrums mit NaJ

Die RaC″-Präparate wurden in etwa 2 cm Entfernung von einem NaJ (Tl)-Kristall (Harshaw Chemical Company, Cleveland, Ohio) gebracht. Die Abmessungen der verwendeten zylindrischen Kristalle betrugen: 38 mm Durchmesser, Höhe 51 bzw. 25 mm. Die Elektronik des verwendeten Szintillationsspektrometers wurde bereits an anderer Stelle ausführlich beschrieben [17]. Mit Rücksicht auf die kurze Lebensdauer der untersuchten Substanz wurden die meisten Messungen mittels der Graukeilmethode [18] auf einem Oszillographen (Tektronix Type 517) registriert. Die über einen Impuls-Längerkreis [19] geführten Impulse wurden dabei direkt an die Ablenkplatten des Oszillographen gebracht. Die photographische Registrierung erfolgte mit einer Exacta Kleinbildkamera auf Gevaert Duplo-Ortho-Mikrofilm. Zur Intensitätsauswertung wurden Vergrößerungen der Aufnahmen auf Kodalithpapier herangezogen. Typische Bilder, wie sie vom RaC″ γ-Spektrum für verschiedene Einstellungen des Verstärkerfaktors auf diese Weise erhalten wurden, sind in den Abb. 1—3 wiedergegeben. (Der Nullpunkt der Energieskala ist in den Aufnahmen nicht angegeben, da der Impulsverlängerungskreis für kleine Amplituden nicht mehr linear arbeitet.) Um ein hinreichend gleichmäßiges Photo zu erhalten, wurden oft für eine Aufnahme einige RaC″-Präparate verwendet. Ein Präparat wurde nur ein bis zwei Minuten zur Messung herangezogen, um dadurch ein stärkeres Anwachsen des relativen Anteils an Ra (B+ C) zu verhindern. In welchem Maß es gelungen ist, diese Verunreinigungen klein zu halten, geht am besten aus den Abb. 2 und 3 hervor, in denen die sehr starke 609 keV-Linie des RaC fast nicht zu sehen ist. Nach Abklingen der RaC″-Aktivität wurden Vergleichsaufnahmen mit entsprechend verlängerter Belichtungszeit gemacht, um einen Anhaltspunkt über das Vorhandensein von RaC-Linien in dem beobachteten Spektrum und deren Intensität zu haben.

Neben der Aufnahme von Graukeil-Spektren wurden auch Experimente durchgeführt, bei denen das γ-Spektrum vom RaC″ mittels dreier Einkanal-Registriergeräte Punkt für Punkt durchgemessen wurde. Eines der Einkanal-Registriergeräte war dabei stets auf ein Energieband eingestellt, welches gerade die 298 keV-Photolinie umfaßt. Die Teilchenzahlen in diesem Einkanal wurden als Normierungsfaktor benützt, um für die verschiedenen Intensitäten der insgesamt 60 benützten RaC″-Präparate korrigieren zu können. Die beiden übrigen Einkanäle wurden bei einer Kanalbreiteeinstellung, welche etwa 40 keV entsprach, bei jedem Präparat auf einen anderen Punkt des Spektrums eingestellt. Infolge des Abklingens des als Muttersubstanz für die RaC″-Herstellung dienenden Ra (B+ C)-Präparates waren die Quellen im letzten Teil der Messung bereits wesentlich schwächer, was in einer starken Zunahme des statistischen Fehlers zum Ausdruck kommt. Mit einem zweiten Szintillationsdetektor, der aus einem 0,5 mm dicken Plastikszintillator bestand, wurde gleichzeitig die β-Aktivität jedes Präparates gemessen und über einen Integrator an einen Linienschreiber gebracht. Diese dauernde Kontrolle der Aktivität und ihres zeitlichen Abfalls hat sich bei der Durchführung der Messungen als sehr zweckmäßig erwiesen: Man ist stets wenigstens qualitativ über die Reinheit des eben gemessenen Präparates informiert, kann diejenigen Quellen, welche durch eine Fehlmanipulation an der Rückstoßapparatur stärker mit Ra (B+ C) verseucht wurden, sofort ausscheiden und schließlich nach einer späteren Kontrollmessung der Ra (B+ C)-Aktivität jedes einzelnen Präparates eine Korrektur des Gammaspektrums bezüglich dieser Verunreinigung vornehmen. Zu diesem Zweck ist es notwendig, ein Ra (B+ C)-Präparat unter völlig gleichen Bedingungen durchzumessen und seine β-Aktivität zur Ermittlung eines Verhältnisfaktors zu benützen. Die in Abb. 4 wiedergegebene Messung wurde in der beschriebenen Weise für Ra (B+ C)-Gehalt und Untergrund korrigiert. Obwohl die statistischen Fehler bei dieser Messung teilweise sehr groß sind, ist sie wegen ebendieser Korrekturmöglichkeit als eine wertvolle Bestätigung der Graukeil-Aufnahmen anzusehen, sowohl was die Intensitätsverhältnisse der einzelnen γ-Linien, als auch was die Fixierung der Energiewerte betrifft.

In Tabelle 1 sind die Resultate zusammengestellt, welche bei der Auswertung der photographischen und Einkanalmessungen des γ-Spek-

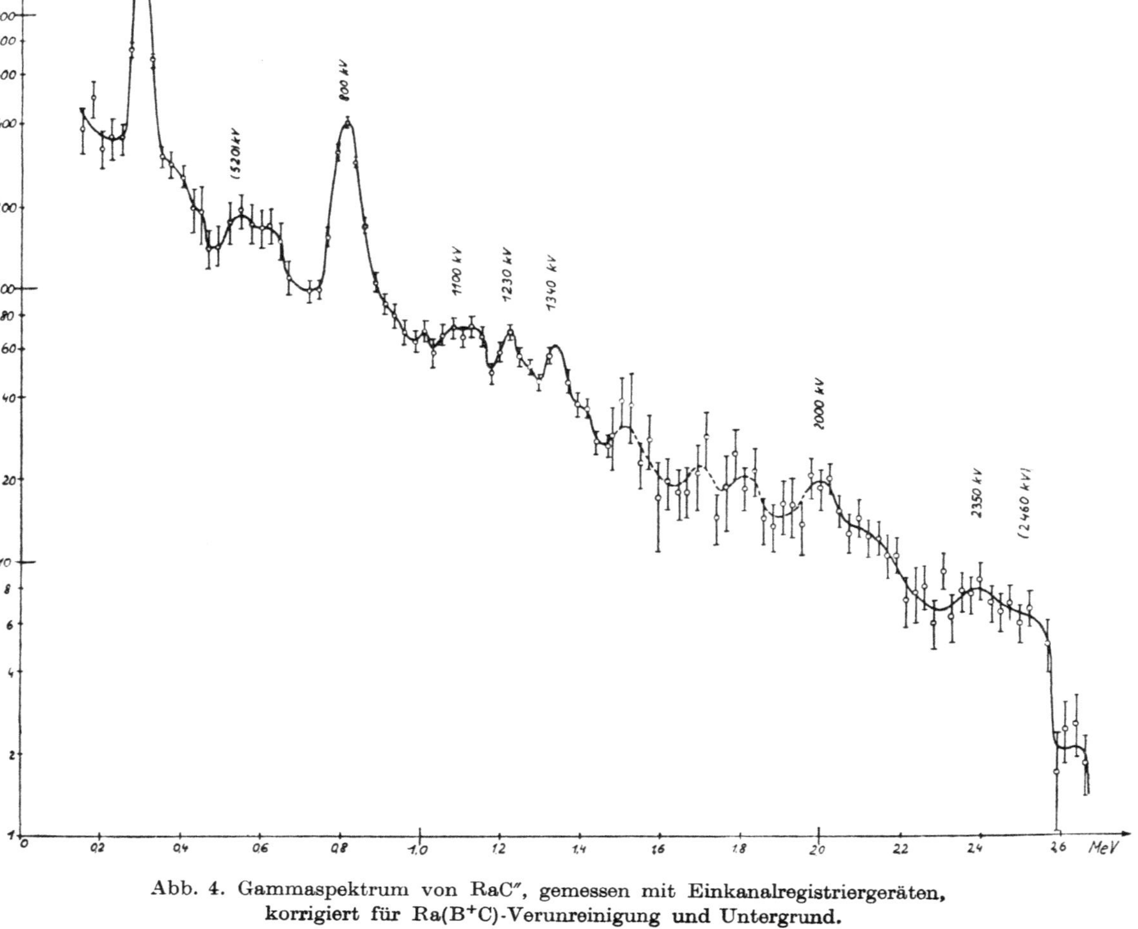

Abb. 4. Gammaspektrum von RaC″, gemessen mit Einkanalregistriergeräten, korrigiert für Ra(B$^+$C)-Verunreinigung und Untergrund.

Tabelle 1

Energie (keV)	Anmerkung	Rel. Intensität bez. auf $I_{800\,\mathrm{keV}} = 1{,}00$
74 ± 3	Röntgen-Linie	0,24 ± 0,05
298 ± 5		0,71 ± 0,08
520 ± 20	unsicher	schwach
800 ± 10		1,00
1100 ± 30		0,10 ± 0,05
1230 ± 30		0,12 ± 0,04
1340 ± 30		0,09 ± 0,03
1400 ± 1900	unsicher	3 schwache Linien
2000 ± 50		} 0,12 ± 0,06
2090 ± 60	unsicher	
2350 ± 50		} $0{,}18 \begin{smallmatrix} +0{,}12 \\ -0{,}06 \end{smallmatrix}$
2460 ± 60	unsicher	

trums von RaC″ mit einem NaJ-Kristall bzw. dem später erläuterten Zweikristall-Compton-Spektrometer gewonnen wurden. Hiebei wird zwischen Linien, welche als gesichert angesehen werden und solchen, deren Realität zweifelhaft ist, unterschieden. Die bei 1100 keV registrierte Linie muß bei Verhältnissen, wie sie bei der in Abb. 4 wiedergegebenen Messung vorliegen, zu etwa 30% auf eine Addition der Linien bei 298 und 800 keV durch Absorption beider koinzidenter Quanten im Kristall zurückgehen. Der höherenergetische Teil dieses Maximums könnte eventuell noch etwas RaC-Impulse enthalten, falls die Korrektur für den Anteil der starken 1140 keV-Linie dieses Kerns nicht quantitativ gelungen sein sollte. Trotzdem erscheint die Existenz einer Gammastrahlung von 1100 keV sicher, wie auch aus dem Vergleich von Graukeilphotos hervorgeht, die mit verschiedenem Abstand zwischen Präparat und Kristall gewonnen wurden. Die Existenz dreier weiterer Linien zwischen 1400 und 1900 keV sowie einer bei etwa 2090 keV wird durch die Ergebnisse der Zweikristallaufnahmen nahegelegt. Hinsichtlich des hochenergetischen Überganges von 2,35 MeV zeigt die Breite des Maximums und das Fehlen eines ausgeprägten Tales zwischen Photoelektronenmaximum und Comptonverteilung, daß es sich hier um mindestens zwei nicht aufgelöste Gammalinien handeln muß. Da die 2,2 MeV-Linie des RaC gerade in dieses zu erwartende Tal hineinfällt, ist hier das für diese Verunreinigung korrigierte Spektrum von Abb. 4

sehr aufschlußreich. Die Durchführung der Korrektur dieser Messungen zeigte auch, daß die 2,44 MeV-Linie von RaC intensitätsmäßig nicht für die Verbreiterung des Maximums nach der Richtung höherer Energien verantwortlich sein kann. Als eine wahrscheinliche Interpretation kann bis zur Durchführung betaspektrographischer Messungen angenommen werden, daß eine Linie mit 2,35 $\pm$ 0,04 MeV und eine mit 2,46 $\pm$ $\pm$ 0,06 MeV vorhanden ist, wobei die Intensität der letzteren zwischen 50% und 80% der ersteren liegen müßte. Dieser Schluß wurde nicht sosehr aus der Einkanalmessung des Spektrums mit ihrer großen statistischen Ungenauigkeit gezogen, als aus der Auswertung mehrerer Graukeilphotos zusammen mit der Tatsache, daß die Korrektur der Einkanalmessung für RaC zeigte, daß in diesem Energiebereich die Verunreinigung nur geringfügig zur Gammaintensität beiträgt.

Eine auffallende Tatsache ergibt die Auswertung der Intensitäten der einzelnen Gammalinien. Die Übereinstimmung zwischen den aus den Graukeilaufnahmen und der Einkanalmessung gewonnenen Intensitätsrelationen war recht befriedigend, so daß die Intensitätsangaben in Tabelle 1 innerhalb ihrer allerdings großen Fehlergrenzen als verläßlich gelten können. Nimmt man an, daß der Betazerfall einheitlich zu einem Niveau von etwa 3,5 MeV führt, der 298 keV-Übergang mit dem 800 keV-Übergang in vollständiger Koinzidenz ist (d. h. die kleinere Intensität der 298 keV-Linie durch ihren höheren Konversionsfaktor bedingt ist) und keine Crossover-Gammastrahlung vorliegt, dann müßten alle übrigen emittierten γ-Linien insgesamt 2,4 MeV pro RaC″-Zerfall ergeben. Multipliziert man daher die Energie dieser γ-Linien mit ihrer relativen Intensität und summiert diese Werte, so müßte man den obigen Wert von 2,4 erhalten. Führt man dies durch und berücksichtigt dabei auch die in Tabelle 1 als unsicher charakterisierten Linien mit reichlich groß geschätzten Intensitäten, so erhält man 1,25, d. i. 52% von 2,4 bzw., wenn man die oberen durch die Fehlergrenzen zugelassenen Intensitätswerte heranzieht, 1,97, d. i. 82% von 2,4. Alle anderen Annahmen über die Anordnung der γ-Übergänge führen zu einem noch größeren Defizit an Gammaintensität. Es sei noch darauf hingewiesen, daß die Intensitätsrelationen des zu Korrekturzwecken unter ganz gleichen Verhältnissen ausgemessenen RaC-Spektrums zu durchaus befriedigender Übereinstimmung mit den Angaben früherer Autoren führen. Dieses Defizit an Gammaintensität stellt eines der wesentlichen noch offenen Probleme des RaC″-Zerfalls dar.

Zwei Erklärungen können dafür gedacht werden:

1. Die Annahme, daß der Betazerfall des RaC″ doch komplex ist und höherenergetische Komponenten enthält.

2. Das Vorhandensein eines angeregten Zustandes extrem hohen Drehimpulses, dessen Lebensdauer groß gegenüber der des RaC″ ist.

Die Messung von Daniel [13] schließt aus, daß eine höherenergetische Betakomponente nennenswerter Intensität eine Grenzenergie über 3,26 MeV besitzen könnte.

Hinsichtlich des zweiten Erklärungsversuches sei darauf hingewiesen, daß von Cork und Mitarbeitern [20] eine 457 keV-Linie gefunden wurde, deren K-L-Abstand einem Bleiisotop entspricht. Diese Linie war bei Verwendung einer Ra-Quelle mit Folgeprodukten vorhanden, trat aber bei der Messung einer RaD-Quelle nicht auf. Die Linie wurde von Cork und Mitarbeitern dem RaC′-Zerfall zugeordnet, wofür aber im α-Spektrum dieses Kerns kein Anhaltspunkt vorhanden ist.

Sollte dies tatsächlich ein langlebiger Anregungszustand des Pb^{210} sein, der beim γ-Zerfall des RaC″ erreicht wird, so wäre diese Linie infolge der hohen Drehimpulsunterschiede zum Grundzustand sehr weitgehend konvertiert. Die Intensität ihrer Konversionselektronen gegenüber den γ-Übergängen beim RaB und RaC-Zerfall mit niederer Multipolarität wäre dadurch wesentlich erhöht, so daß sie trotz des ungünstigen Verzweigungsverhältnisses RaC′/RaC″ in Erscheinung treten könnten. Im gemessenen γ-Spektrum des RaC″-Zerfalls wurde diese γ-Linie allerdings nicht beobachtet; lange Lebensdauer des angeregten Zustandes ($\gg$ 1 Minute) und hochgradige Konversion könnten jedoch hierfür verantwortlich sein.

Untersuchungen mit dem Zweikristall-Comptonspektrometer

Von Hofstadter und McIntyre [15] wurde eine Methode angegeben, welche sich zur Analyse der Gammastrahlung mittels Szintillationsdetektoren in dem Bereich zwischen 0,5 MeV bis zu Energien, welche mit auf Paarerzeugung basierenden Methoden wirkungsvoll untersucht werden können, sehr bewährt. Sie zeichnet sich dadurch aus, daß im

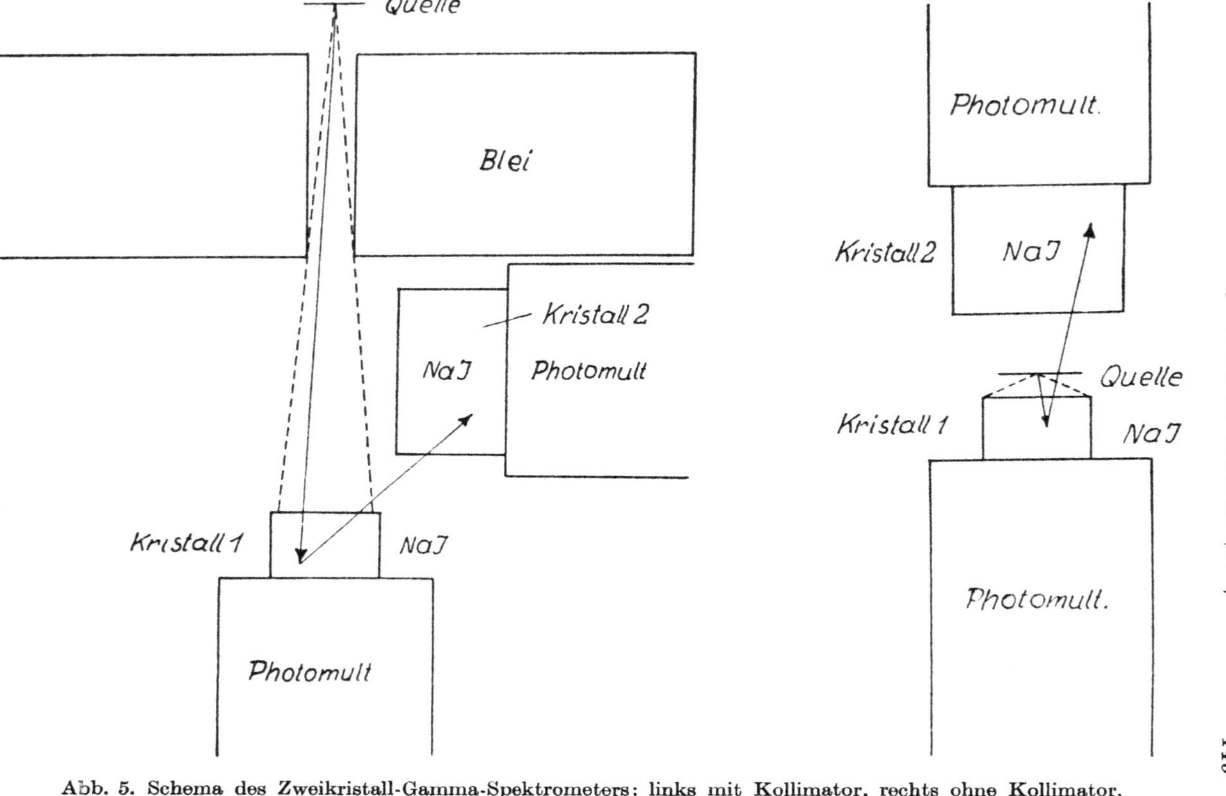

Abb. 5. Schema des Zweikristall-Gamma-Spektrometers: links mit Kollimator, rechts ohne Kollimator.

Gegensatz zu dem sehr komplexen Sekundärelektronenspektrum in einem NaJ-Szintillator für jede eingestrahlte γ-Linie ein Maximum in der Impulsgrößenverteilung resultiert. In Abb. 5 (links) ist die Methode skizziert; die durch einen Bleikollimator ausgeblendete Gammastrahlung der Quelle trifft den Kristall 1 eines Szintillationsdetektors. Comptoneffekt in diesem Kristall führt teilweise zu Streuquanten, welche unter einem großen Winkel nach rückwärts gestreut werden, so daß sie in Kristall 2 registriert werden. Man benützt nun die Impulse in Kristall 2, um die mit ihnen koinzidenten in Kristall 1 aufgenommenen Impulse auszuwählen. Aus der Theorie des Comptonprozesses folgt, daß die Energiedispersion der von einer monochromatischen Gammastrahlung ausgelösten Comptonelektronen für Streuwinkel über 130° sehr klein ist und gegenüber der Auflösung eines Szintillationsdetektors kaum ins Gewicht fällt. Z. B. beträgt diese Energiedispersion für eine primäre γ-Energie von 1,5 MeV, wenn die Quanten in einen Raumwinkel mit 100° Öffnung zurückgestreut werden, 3,2%. Die Größenanalyse der Impulse in Kristall 1, welche mit Streuquanten in Kristall 2 koinzidieren, liefert daher, solange die Paarerzeugung vernachlässigbar ist, ein Maximum für jede diskrete einfallende Gammaenergie. Der Nachteil dieser Methode und der Grund, weshalb sie, soweit aus der Literatur zu ersehen, nur wenig für praktische Probleme angewandt wurde, liegt in dem ungünstigen Wirkungsgrad, mit dem die von der Quelle emittierten Quanten nachgewiesen werden. Praktisch muß die Stärke des untersuchten Präparates etwa ein Zehntel Millicurie betragen, wenn die Analyse des Gammaspektrums nicht ungewöhnlich zeitraubend ausfallen soll.

Es wurde daher der Versuch gemacht, den Wirkungsgrad der Methode dadurch radikal zu verbessern, daß auf die Kollimation der Gammastrahlung verzichtet und die Quelle, wie Abb. 5 (rechts) zeigt, zwischen Kristall 1 und Kristall 2 eingeführt wurde. Diese geometrische Anordnung ist bis zu erstaunlich kleinen Abständen zwischen Präparat und Kristall ohne nachteiligen Einfluß auf die Auflösung der Linien möglich. Bei Verwendung eines quaderförmigen Kristalles mit $20 \times 20 \times 12$ mm Größe als Kristall 1 und eines zylindrischen NaJ-Kristalls mit 3,8 cm Durchmesser und 2,5 cm Dicke als Kristall 2 wurde festgestellt, daß sich die Auflösung der beiden Linien von Co^{60} (1,17 und

1,33 MeV) nicht merklich verschlechtert, wenn man den Abstand der Quelle von Kristall 1 bis auf 5 mm und von Kristall 2 bis auf 10 mm reduziert. In elektronischer Hinsicht muß der Aufwand im Vergleich zu der Anordnung Hofstadters etwas vergrößert werden. Sendet die Quelle koinzidente Gammastrahlungen aus, so wird es natürlich in den beiden Kristallen neben den gewünschten Rückstreu-Comptonprozessen auch zu Koinzidenzen kommen, welche auf die Absorption je eines primären Quants in jedem der Kristalle zurückgeht. Um die Zahl dieser störenden γ-γ-Koinzidenzen zu reduzieren, kann man die Tatsache benützen, daß der Energiebereich, der unter so großem Winkel gestreuten Comptonquanten, sehr eng ist: Bei einem Rückstreubereich mit einem Öffnungswinkel von 100° und einer primären Gammaenergie zwischen 0,5 und 3,0 MeV liegen die Comptonquanten zwischen 169 und 282 keV. Es ist daher möglich, eine zusätzliche Impulsgrößenanalyse der Signale von Kristall 2 vorzunehmen und nur jene Quanten zur Koinzidenzauswahl heranzuziehen, die diese Energiebedingung erfüllen. Emittiert die Quelle eine γ-γ-Kaskade, so wird sich trotzdem das in Kristall 1 registrierte primäre Szintillationsspektrum dem gewünschten Koinzidenzspektrum mit einer gewissen Intensität überlagern. Denn es wird — abgesehen von ganz niederen γ-Energien — stets ein gewisser Teil der in Kristall 2 registrierten primären Quanten Impulsgrößen besitzen, die in dem eingestellten Energiebereich der Rückstreuquanten (169 bis 282 keV) liegen und damit zu γ-γ-Koinzidenzen führen. Ernstlich störend wirkt dieser Effekt jedoch nur dann, wenn die Photolinie oder ein Großteil der Comptonverteilung eines Gammastrahls der Kaskade in den erwähnten Bereich fällt. Benützt man als Kristall 1 Anthrazen, so können diese Verhältnisse insofern verbessert werden, als dann im überlagerten γ-γ-Koinzidenzspektrum keine den Photolinien entsprechende Maxima auftreten, die zu Irrtümern Anlaß geben können.

Die hohe Teilchenzahl, welche in den beiden Kristallen bei dieser Geometrie auftritt, läßt die Verwendung eines relativ schnellen Koinzidenzkreises zur Reduktion der zufälligen Koinzidenzen angezeigt erscheinen. Es wurde in der üblichen Weise mit einer Kombination eines schnellen mit einem langsamen Koinzidenzkreis gearbeitet (Blockschema Abb. 6).

Der schnelle Koinzidenzkreis, der EFP-60-Trigger als Standard-

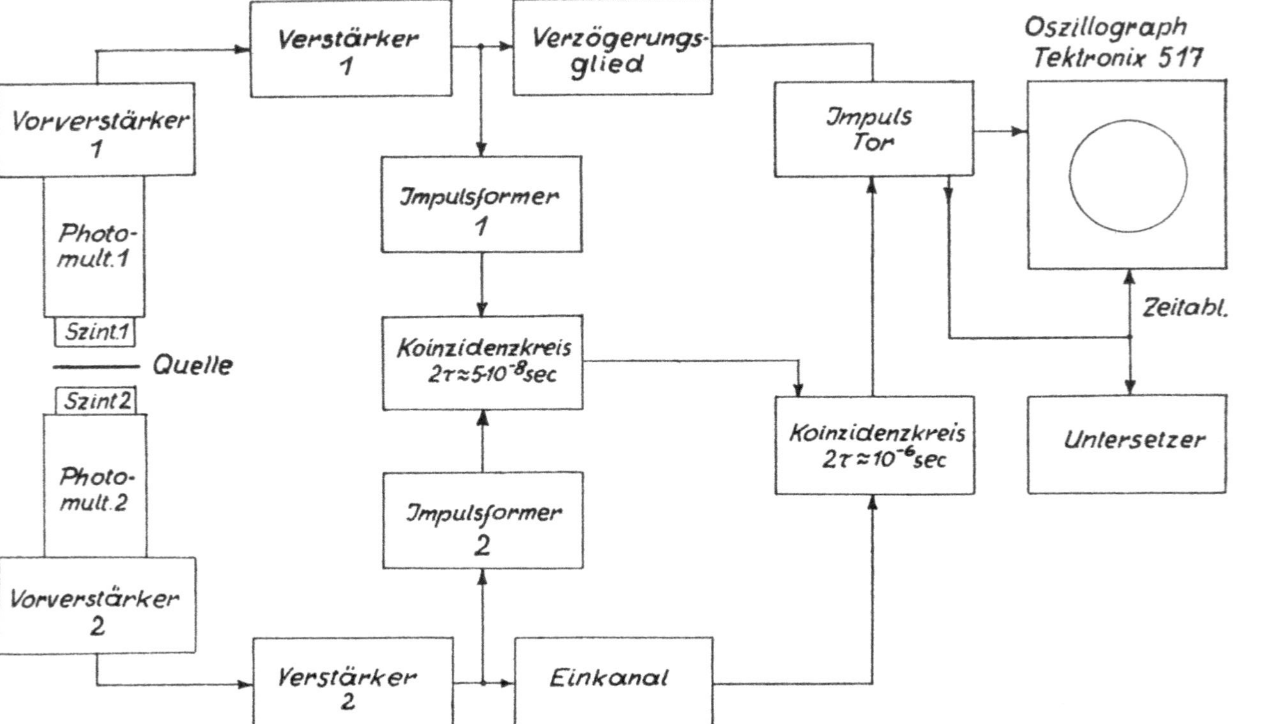

Abb. 6. Blockschema der zur Koinzidenzmessung benützten Elektronik.

impulsgeneratoren benützt [21], war auf eine Auflösung von 5 bzw. 8×10^{-8} sec. eingestellt.

Mit geeichten Quellen verschiedener Energien wurde der Wirkungsgrad dieser Meßmethode ermittelt. Dabei waren die Quellen 5 mm von Kristall 1 (NaJ, $20 \times 20 \times 12$ mm) und 10 mm von Kristall 2 (NaJ, 3,8 cm Durchmesser, 2,5 cm Höhe) entfernt.

Versteht man unter dem Wirkungsgrad dieses Spektrometers die Anzahl der innerhalb des erwarteten Intensitätsmaximums registrierten Impulse gebrochen durch die Zahl der von der Quelle emittierten Quanten, so lag dieser für γ-Energien zwischen 0,66 und 1,85 MeV zwischen $7{,}0 \times 10^{-4}$ und $2{,}7 \times 10^{-4}$. Für eine sehr saubere Ausführung des Zweikristallspektrometers in der ursprünglichen von Hofstadter und McIntyre [15] vorgeschlagenen Geometrie wird ein etwa dreimal größerer Wirkungsgrad berichtet [22], wobei sich dieser jedoch auf die Zahl der den ersten Kristall treffenden Quanten bezieht. Die in Abb. 5 (links) wiedergegebene Anordnung mit Kollimator erfordert aber mindestens einen Abstand von 10 cm zwischen Quelle und Kristall 1, so daß bei einem Querschnitt dieses Kristalls von 4 cm² rund 3×10^{-3} für den erfaßten Raumwinkel resultieren. Der totale Wirkungsgrad der hier gewählten Geometrie liegt daher um rund zwei Größenordnungen über dem der früheren Ausführungen des Comptonspektrometers. Eine weitere Verbesserung des Wirkungsgrades dieser Anordnung wäre mit Hilfe von kegelstumpfförmigen Kristallen möglich, die eine noch größere Annäherung an die Quelle erlauben. Abb. 7*a* und *b* zeigen zwei Graukeilphotos, die mit einer Co^{60}-Quelle bzw. einem zu Testzwecken angefertigten Mischpräparat bestehend aus Cs^{137}, Co^{60} und Y^{88} aufgenommen wurden.

Die Anwendung dieser Methode auf die Untersuchung von RaC″, welche ihre Entwicklung angeregt hatte, war nicht so erfolgreich wie erwartet. Dies liegt erstens daran, daß die Quellenstärke der RaC″-Präparate auch bei dem jetzt erzielten Wirkungsgrad noch immer nicht ausreichte, und zweitens, daß das Vorhandensein der 298 keV-Linie des RaC″ zu den oben erwähnten Schwierigkeiten bezüglich γ-γ-Koinzidenzen führt. Immerhin hat die Methode deutlich gezeigt, daß es sich bei dem Maximum bei 2,0 MeV im Einkristallszintillationsspektrum von RaC″ (vgl. Abb. 4) nicht um das angehobene Ende einer Comptonverteilung höherenergetischer Linien, sondern um eine eigene Gammalinie handelt.

Koinzidenzmessungen

Schließlich wurden einige Koinzidenzexperimente mit der in Abb. 6 wiedergegebenen Anordnung durchgeführt. Als Szintillator 1 diente bei den γ-γ-Messungen ein NaJ-Kristall mit 38 mm Durchmesser und 25 mm Höhe, als Szintillator 2 ein ebensolcher mit 38 mm Durchmesser und 51 mm Höhe. Bei den β-γ-Experimenten wurde für den Nachweis der Elektronen als Szintillator 1 ein 0,5 mm dickes Scheibchen aus Plastikszintillator[1] (Durchmesser 40 mm) benützt.

Die γ-γ-Messungen ergaben einwandfrei, daß eine Koinzidenz zwischen dem 298 keV und 800 keV Übergang, sowie dem, allerdings intensitätsmäßig wesentlich schwächeren, 2,35 MeV Übergang besteht. Auch Koinzidenzen zwischen der 298 keV-Linie und wenigstens einer der Linien bei 1,23 bzw. 1,34 MeV liegen vor, doch reicht die Intensität der betreffenden Graukeilaufnahme nicht aus, um diese beiden Linien gegenüber den statistischen Schwankungen der Impulsdichte in diesem Energiebereich auflösen zu können.

Interessante Ergebnisse verspricht die Untersuchung von β-γ-Koinzidenzen mit hinreichend kurzen Auflösungszeiten. Ein Experiment wurde in folgender Weise durchgeführt: Die Impulse des γ-Detektors (Szintillator 2) wurden nach der Verstärkung gleichzeitig an zwei Einkanal-Registriergeräte gelegt. Der erste Einkanal war fix auf ein Energieband eingestellt, das die Photolinie der 298 keV γ-Strahlung umfaßte; die Teilchenzahlen, die in diesem Kanal während der Messung eines Präparates registriert wurden, dienten zur Normierung der Stärke der verschiedenen RaC″-Quellen. Der zweite Einkanal wurde bei den aufeinanderfolgenden Messungen (verschiedene Präparate) jeweils auf einen interessierenden Energiebereich eingestellt. Es wurde nun sowohl die Teilchenzahl dieses Einkanals direkt gemessen als auch die Zahl derjenigen Ereignisse festgestellt, welche dieser Energiebedingung entsprachen und mit einem Impuls im β-Detektor koinzidierten. Diese Messung erfolgte durch Zählung der Impulse nach dem langsamen Koinzidenz-

[1] Standard Plastic Scintillator von Nash und Thompson Ltd., Chessington, Surrey, England.

kreis (vgl. Abb. 6). Zunächst wurde mit einem Testpräparat eine Koinzidenzkurve aufgenommen und dann mit Hilfe einer kontinuierlich variablen Verzögerungseinheit, die zwischen Vorverstärker und Verstärker 2 eingefügt war, auf die Mitte dieser Koinzidenzkurve (Teilchenzahl als Funktion der Verzögerung) eingestellt. Die Breite der Koinzidenzkurve in halber Höhe betrug 8×10^{-8} sec. Hierauf wurde mit RaC″-Quellen und verschiedenen Einstellungen des Energiebereichs im γ-Kanal prompte und verzögerte β-γ-Koinzidenzen gemessen. Die Verzögerung wurde dabei durch Austausch von Verzögerungsleitungen in den Impulsformereinheiten [21] erzielt. (Eine Änderung der Einstellung der kontinuierlichen Verzögerungseinheit nach dem zweiten Vorverstärker führt nämlich zu kleinen Änderungen der Impulsgröße und könnte so zu Fehlern Anlaß geben.) Dabei wurden verzögerte Koinzidenzen zwischen den Betapartikeln und den Photoelektronenmaxima der 298 und 800 keV-Linie beobachtet. Bei einer Verzögerung von $2{,}45 \times 10^{-7}$ sec trat dabei eine Reduktion der Zählrate der β-298 keV γ-Koinzidenzen auf 6% und der β-800 keV γ-Koinzidenzen auf 2,5% der Werte ein, die für prompte Koinzidenzen gefunden wurden. Die Lebensdauer des für diese verzögerten Koinzidenzen verantwortlichen Niveaus in Pb^{210} kann danach größenordnungsmäßig auf 5×10^{-8} sec geschätzt werden. Die Tatsache, daß die Zählrate der β-γ-Koinzidenzen mit der 800 keV-Linie bei gleicher Verzögerung stärker herabgesetzt wurde als die der Koinzidenzen mit der 298 keV-Linie, könnte so gedeutet werden, daß der 298 keV-Übergang auf den mit 800 keV folgt und auch das zwischen diesen beiden Übergängen liegende Niveau des Pb^{210} eine meßbare Lebensdauer besitzt. Nach der von Blatt und Weißkopf [23] angegebenen Formel für die minimale Lebensdauer von Einteilchenzuständen im Atomkern wäre die beobachtete Größenordnung der Lebensdauer dieser Niveaus am ehesten mit elektrischen Quadrupolübergängen vereinbar. Zur genauen Ermittlung der Lebensdauer und Sicherstellung der Reihenfolge der γ-Übergänge ist es jedoch noch nötig, die ganzen Koinzidenzkurven bei diesen β-γ-Experimenten durchzumessen.

Diskussion der Resultate

Das bisher vorliegende experimentelle Material reicht noch nicht aus, um ein fundiertes Zerfallsschema des RaC″-Kerns zu erstellen.

Wohl wurden, wie aus der Aufstellung Tabelle 1 hervorgeht, sieben Gammalinien beobachtet und ihre ungefähren relativen Intensitäten ermittelt; die Existenz von sechs weiteren Linien erscheint wahrscheinlich. Bei diesem Linienreichtum vor allem im Gebiet über 1 MeV reicht die Auflösung der Szintillationstechnik nicht aus, um alle Linien verläßlich zu trennen und die Energiemessung mit jener Genauigkeit durchzuführen, welche erst die Kombination in einem Zerfallsschema sicherstellt. Die Ergänzung dieser Untersuchung durch β-spektrographische Messungen, welche aus Gründen der Quellenintensitäten jedoch sehr mühevoll werden dürften, erscheint unerläßlich. Auch dürfte die Ermittlung der Verhältnisse der Konversionsfaktoren in den verschiedenen Elektronenschalen bei den intensitätsärmeren Übergängen dieses Kerns die einzige Möglichkeit bilden, um zu Aussagen über die Multipolarität der betreffenden γ-Strahlungen zu gelangen.

Während über das Vorhandensein einer γ-Kaskade von 2,35 — — 0,800 — 0,298 MeV kein Zweifel besteht, erscheint auch hier die Aufeinanderfolge der Niveaus noch nicht gesichert. Während Mayer-Kuckuck [9] annimmt, daß der 0,8 MeV-Übergang zum Grundzustand führt, was durch die Analogie der Zerfallsschemata benachbarter Kerne sehr nahegelegt wird, sprechen die ersten Resultate der verzögerten β-γ-Koinzidenzmessung eher dafür, daß der 0,298 MeV-Übergang auf den mit 0,800 MeV folgt. Über die Gruppierung der anderen höherenergetischen γ-Linien im Zerfallsschema können momentan keine Aussagen gemacht werden, die in direkten Messungen ihre Stütze finden. Da jedoch die Intensität der 2,35 MeV-Linie bzw. des angenommenen Linienpaares bei etwa 2,35 und 2,46 MeV nach den vorliegenden Messungen höchstens 30% der Intensität der 0,8 MeV-Linie besitzt, ist es naheliegend, die verbleibenden γ-Linien zum größten Teil parallel zu dem 2,35 MeV-Übergang zu gruppieren. Trotzdem verbleibt auch bei vorsichtiger Wahl der Fehlergrenzen der Intensitätsmessungen ein deutliches Defizit auf die 3,5 MeV γ-Energie pro Zerfall, die erforderlich sind, wenn man an der Einheitlichkeit des β-Überganges von 2 MeV festhält. Eine Beobachtung höherenergetischer Komponenten des β-Zerfalls von RaC″ bzw. sehr langlebiger angeregter Zustände im Pb^{210}, die diese Divergenz zu erklären vermöchten, liegt noch nicht vor.

Auf Grund der sehr verwickelten experimentellen Situation bei der

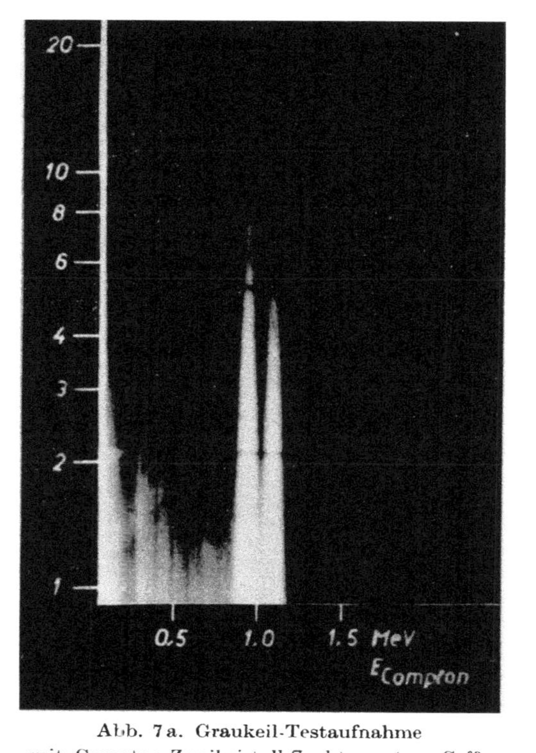

Abb. 7a. Graukeil-Testaufnahme
mit Compton-Zweikristall-Spektrometer: Co^{60}.

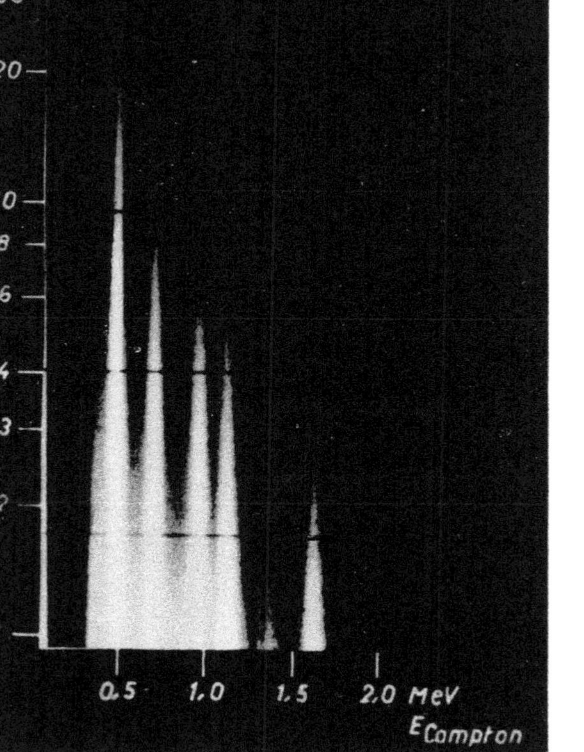

Abb. 7b. Graukeil-Testaufnahme
mit Compton-Zweikristall-Spektrometer $Cs^{137} + Co^{60} + Y^{88}$.

Untersuchung dieses Zerfallsschemas wurde versucht, durch Heranziehung theoretischer Berechnungen Hinweise über die zu erwartende Struktur der Anregungsniveaus zu erhalten. Nach der von Pryce ausgearbeiteten Theorie [3] sollte es möglich sein, bei Kenntnis der Anregungsniveaus von $Blei^{209}$ die Niveaus von $Blei^{210}$ zumindestens im niederenergetischen Bereich vorherzusagen. Nimmt man die Voraussagen des Schalenmodells zumindest in der nächsten Nähe des doppeltmagischen Kerns Pb^{208} für streng gültig an, dann sollten sich die niedersten Niveaus des Pb^{210} so berechnen lassen, daß man zwei Neutronen in den niedrigsten Niveaus, die aus dem Pb^{209}-Kern bekannt sind, annimmt und ihre zusätzliche Bindungsenergie infolge der gegenseitigen Wechselwirkung dieser beiden Nukleonen für verschiedene Orientierungen ihres Spins berechnet. Das Anregungsschema von Pb^{209} ist aus den Experimenten von Harvey [24] (Pb^{208} (d, p) Pb^{209}) und Strominger, Stephens und Rasmussen [25] ziemlich bekannt. Um die Wechselwirkungsenergie der beiden Neutronen in der energetisch niedrigsten Konfiguration $(g_{9/2})^2$ oder $(i_{11/2})^2$ zu berechnen, wurde die Neutronenpaarungsenergie des Pb^{210} aus der Zusammenstellung von Huizenga [26] herangezogen und daraus der Wechselwirkungsenergieparameter im Singlettzustand ermittelt. Die auf diese Weise erhaltenen Anregungsniveaus von Pb^{210} unterhalb 2 MeV zeigten jedoch keine Übereinstimmung mit beobachteten Gammalinien, die eine fruchtbare Anwendung dieser Theorie ermöglicht hätten. In einer von Brink [27] veröffentlichten Erweiterung der Pryceschen Theorie wurde gezeigt, daß die Berechnung der Wechselwirkung der beiden Extranukleonen unter Annahme von Kernkräften mit Reichweite Null in vielen Fällen unzulänglich ist. Benützt man jedoch eine Entwicklung der Matrix-Elemente für die Wechselwirkung bis zum ersten Glied, so ergibt sich für verschiedene Annahmen über den Charakter der Wechselwirkungskräfte ein völlig verschiedenes Bild für die berechneten Wechselwirkungsenergien der beiden Nukleonen bei verschiedener gegenseitiger Spineinstellung. Schließlich zweifelt Brink sogar daran, ob für die Wellenfunktion der Kerne mit einem Extranukleon (Pb^{209}) die Ansätze des Einteilchenmodells streng gültig wären. Es scheint daher verfrüht, einen Vergleich mit theoretischen Kalkulationen anzustellen, solange kein wirklich experimentell fundiertes Zerfallsschema vorliegt.

Herrn Prof. Dr. G. Stetter danke ich für die verständnisvolle Förderung dieser Arbeit, Frau Prof. Dr. B. Karlik für die liebenswürdige Bereitstellung der Radiumemanation als Ausgangsmaterial für die Quellenherstellung. Herrn Dr. G. Tisljar-Lentulis möchte ich für seine unermüdliche Mitarbeit bei der Vorbereitung und Durchführung der Experimente meinen besonderen Dank sagen.

Zusammenfassung

Mittels der α-Rückstoßmethode wurden RaC″-Präparate gewonnen, deren Verunreinigung nur etwa 10% betrug. Die Analyse der γ-Strahlung dieser Quellen mit Szintillationsdetektoren und Graukeil- bzw. Einkanalregistrierung ergab das Vorhandensein von wenigstens 7 γ-Linien. γ-γ-Koinzidenzmessungen bestätigten das Vorhandensein einer Dreifachkaskade von 2,35—0,800 und 0,298 MeV, wobei die Intensität der hochenergetischen Linie jedoch höchstens 30% der Intensität der 0,8 MeV-Linie beträgt. Die Auswertung der Intensitäten aller beobachteten γ-Linien führt auf einen Defizit an emittierter γ-Energie pro Zerfall, wenn man einen einheitlichen β-Übergang von 2 MeV zugrunde legte. Dies deutet auf das Vorhandensein höherenergetischer Komponenten dieses β-Zerfalls oder sehr langlebiger Zustände im Pb^{210} hin. Verzögerte β-γ-Koinzidenzen wurden bei der 298 keV und 800 keV-Linie beobachtet.

Literatur

[1] Hahn, O., und L. Meitner: Phys. Zs. **10**, 697, 1909.
[2] Fajans, K.: Phys. Zs. **12**, 369, 1911; **13**, 699, 1912.
[3] Pryce, M. H. L.: Proc. Phys. Soc. A **65**, 773, 1952.
[4] Alburger, D. E., und M. H. L. Pryce: Phys. Rev. **95**, 1482, 1954.
[5] Albrecht, E.: Sitz. Ber. d. Österr. Akad. d. Wiss. IIa **128**, Nr. 5, 1919 (Mitt. d. Inst. f. Radiumforschung, Nr. 123).
[6] Rutherford, E., C. E. Wynn-Williams, W. B. Lewis und B. V. Bowden: Proc. Roy. Soc. A **139**, 617, 1933.
[7] Lewis, W. B., und B. V. Bowden: Proc. Roy. Soc. A **145**, 235, 1934.
[8] Chang, W. Y.: Phys. Rev. **74**, 1195, 1948.
[9] Mayer-Kuckuck, Th.: Zs. f. Naturf. **11a**, 627, 1956.
[10] Devons, S., und G. J. Neary: Proc. Camb. Phil. Soc. **33**, 154, 1937.
[11] Lecoin, M.: J. Phys. Rad. (7) **9**, 81, 1938.
[12] Nishida, S.: Proc. Phys. Math. Soc. Japan (3) **19**, 809, 1937.
[13] Daniel, H.: Zs. f. Naturf. **12a**, 194, 1957.
[14] Weinzierl, P.: Physik. Verh. **7**, 226, 1956.

[15] Hofstadter, R., und J. A. McIntyre: Phys. Rev. **78**, 619, 1950.
[16] Weinzierl, P.: Sitz. Ber. d. Österr. Akad. d. Wiss. IIa **161**, 251, 1952 (Mitt. d. Inst. f. Radiumforschung, Nr. 493).
[17] — R. Patzelt und H. Warhanek: Sitz. Ber. d. Österr. Akad. d. Wiss. IIa **165**, 169, 1956 (Mitt. d. Inst. f. Radiumforschung, Nr. 515 und folgende).
[18] Maeder, D.: Helv. Phys. Acta **28**, 193, 1955.
[19] Patzelt, R.: Sitz. Ber. d. Österr. Akad. d. Wiss. IIa **165**, 229 1956, (Mitt. d. Inst. f. Radiumforschung, Nr. 518).
[20] Cork, J. M., C. E. Branyan, A, E. Stoddard, H. B. Keller, J. M. le Blanc und W. J. Childs: Phys. Rev. **83**, 681, 1951.
[21] Weinzierl, P.: Sitz. Ber. d. Österr. Akad. d. Wiss. IIa **165**, 195, 1956 (Mitt. d. Inst. f. Radiumforschung, Nr. 517).
[22] Howland, P. R., N. E. Scotfield und R. A. Taylor: Nucleonics **14**/6, 50, 1956.
[23] Blatt, J. M., und V. F. Weisskopf: Theoretical Nuclear Physics, S. 627, J. Wiley und Sons, New York 1952.
[24] Harvey, J. A.: Can. J. of Phys. **31**, 278, 1953.
[25] Strominger, D., F. S. Stephens, Jr. and J. O. Rasmussen: Phys. Rev. **103**, 748, 1956.
[26] Huizenga, J. R.: Physica **21**, 410, 1955.
[27] Brink, D. M.: Proc. Phys. Sc. A **67**, 757, 1954.

Hawliczek F.: Über die Verwendung des Elektrokardiographen als Registriergerät in der Radiokardiographie (mit 3 Abbildungen), MIR Nr. 486, 4 Seiten. S 4.—

Hießberger F. und Karlik Berta: Weitere Untersuchungen über das Astatisotop 218 (mit 7 Abbildungen), MIR Nr. 487, 13 Seiten. S 8.30

Lang K.: Die spektrale Energieverteilung einer Neonlinie bei verschiedenen Entladungsbedingungen (mit 7 Abbildungen), 22 Seiten. S 13.80

Schneider W. und Matitsch T.: Eine photographische Methode zur quantitativen Bestimmung von Actinium (mit 3 Abbildungen), MIR Nr. 488, 19 Seiten. S 6.30

Tungl E.: Anschluß von Stäben mit ⊏-Querschnitt (mit 3 Abbildungen), 9 Seiten. S 10.60

Wänke H.: Ein elektronisch-optisches Verfahren zur Aufzeichnung der Amplitudenverteilung elektrischer Impulse (mit 16 Abbildungen), MIR Nr. 489, 22 Seiten. S 13.50

Weinzierl P.: Herstellung linearer Ra*DE*-Präparate aus hochgereinigter Radiumemanation (mit 2 Abbildungen), MIR Nr. 493, 12 Seiten. S 9.—

1953 (S II a, Bd. 162):

Blöch R.: Die Bildung von Oberflächenkristallen auf Alkalihalogeniden, Fluorit und Kalzit bei Bestrahlung mit Polonium (mit 4 Abbildungen), MIR Nr. 494. S 8.20

Drexler O.: Die Farbzentrenausbeute in Steinsalz für β-Strahlen mittlerer Energie (mit 8 Abbildungen), MIR Nr. 498. S 12.—

Herglotz H.: Zur sekundären Erregung des Chrom-$K\alpha_2$-Satelliten (mit 11 Abbildungen) S 12.80

Pohl E.: Ein neues Emanometer für Präzisionsmessungen mit vielseitiger Verwendungsmöglichkeit (mit 5 Abbildungen). Mitteilung aus dem Forschungsinstitut Gastein Nr. 88. S 12.40

Przibram K.: Über die Farb-Bänderung des Fluorits (mit 3 Abbildungen), MIR Nr. 497. S 10.90

Tomiser J.: Analyse von Sulfonamidgemischen mit Hilfe des Ramaneffektes (mit 9 Abbildungen). S 14.60

Tomiser J.: Ramanspektren von Sulfonamiden (mit 21 Abbildungen). S 47.20

Treitl K.: Über die Verfärbung von NaCl, KCl und CaF_2 mit Kathodenstrahlen (mit 8 Abbildungen), MIR Nr. 500. S 8.90

1954 (S II, Bd. 163):

Glaser W.: Licht und Materie in einheitlicher Deutung. S 52.—

Pohl E. und Pohl-Rüling Johanna: Radioaktive Luftmessungen im Raum von Badgastein und Böckstein (mit 4 Abbildungen). S 14.80

Pohl-Rüling Johanna: Über die Durchlässigkeit von Gummi und Plastikstoffen für Radium-Emmanation (mit 1 Abbildung). S 4.—

Pohl-Rüling Johanna und Pohl E.: Neue Bestimmungen des Radium- und Radon gehaltes einiger Austritte der Gasteiner Therme. S 5.—

Przibram K.: Über die Verteilung von Farbzentren und anderen Störungen in natürlichen Steinsalzkristallen (mit 5 Abbildungen) MIR Nr. 503. S 6.60

Schmid E. und Lintner K.: Über die Bedeutung eines Bombardements mit Korpuskular strahlen für die Plastizität von Metallkristallen (mit 5 Abbildungen). S 12.—

1955 (S II, Bd. 164):

Blaha F.: Einige Wachstumsformen von Cd-Kristallen (mit 10 Abbildungen). S 9.—

Hawliczek F.: Stabilisierte Impulshochspannungsgeneratoren zum Betrieb von Geiger-Müller-Zählern und Szintillationszählern (mit 7 Abbildungen), MIR Nr. 508. S 13.40

Koller K.: Der Atomkern als Elektronenkristall (mit 2 Abbildungen). S 18.—

Koller K.: Der Atomkern als Elektronenkristall, II. Mitteilung (mit 3 Abbildungen). S 10.—

Matiasek Christine: Untersuchungen des Spektrums der Konversionselektronen von Actinium X mit der photographischen Methode (mit 3 Abbildungen), MIR Nr. 511. S 7.90

Matitsch T.: Weitere Versuche zur Entschleierung von β-empfindlichen Emulsionen, MIR Nr. 513. S 4.90

Polak A.: Messungen der elektrischen Leitfähigkeit der Luft in Badgastein. S 16.70

Schedling J. A. und Wein J.: Differentialthermoanalytische Untersuchungen an $CaSO_4 . 2 H_2O$ und seinen durch Entwässerung entstehenden Folgeprodukten (mit 6 Abbildungen). S 13.—

Tisljar-Lentulis G. und Weinzierl P.: Über eine Methode zur Messung extremer Intensitätsrelationen zwischen positiven und negativen Elektronen (mit 5 Abbildungen), MIR Nr. 510. S 11.—

GPSR Compliance
The European Union's (EU) General Product Safety Regulation (GPSR) is a set of rules that requires consumer products to be safe and our obligations to ensure this.

If you have any concerns about our products, you can contact us on

ProductSafety@springernature.com

In case Publisher is established outside the EU, the EU authorized representative is:

Springer Nature Customer Service Center GmbH
Europaplatz 3
69115 Heidelberg, Germany

www.ingramcontent.com/pod-product-compliance
Ingram Content Group UK Ltd.
Pitfield, Milton Keynes, MK11 3LW, UK
UKHW021929190726
13853UKWH00002B/949
* 9 7 8 3 6 6 2 2 2 8 6 9 2 *